建筑大师格兰·莫卡特谈话录
——华盛顿大学建筑系大师班设计课

著作权合同登记图字：01-2012-5087号

图书在版编目（CIP）数据

建筑大师格兰·莫卡特谈话录——华盛顿大学建筑系大师班
设计课／（美）尼科尔斯编著；杨鹏译. —北京：中国建筑工
业出版社，2012.9
ISBN 978-7-112-14505-8

Ⅰ.①建…　Ⅱ.①尼…②杨…　Ⅲ.①建筑设计　Ⅳ.①TU2

中国版本图书馆 CIP 数据核字（2012）第154084号

本书由华盛顿大学出版社授权我社翻译出版

责任编辑：姚丹宁　率　琦
责任设计：陈　旭
责任校对：王誉欣　王雪竹

建筑大师格兰·莫卡特谈话录
——华盛顿大学建筑系大师班设计课

[美] 吉姆·尼科尔斯　编著

杨鹏　译
＊
中国建筑工业出版社出版、发行（北京西郊百万庄）
各地新华书店、建筑书店经销
北京嘉泰利德公司制版
北京画中画印刷有限公司印刷
＊
开本：787×960毫米　横1/16　印张：$5\frac{1}{4}$　字数：150千字
2012年9月第一版　2012年9月第一次印刷
定价：**49.00元**
ISBN 978-7-112-14505-8
（22561）

版权所有　翻印必究
如有印装质量问题，可寄本社退换
（邮政编码 100037）

建筑大师格兰·莫卡特谈话录
——华盛顿大学建筑系大师班设计课

[美] 吉姆·尼科尔斯　编著

杨　鹏　译

中国建筑工业出版社

目录

观察与交流

吉姆 · 尼科尔斯

格兰 · 莫卡特与硕士生托德 · 考格隆讨论方案
（摄影：彼得 · 考汉）

从 2004 年起的连续五年里，澳大利亚建筑师格兰 · 莫卡特都在华盛顿大学建筑系指导硕士生的设计课。每一年，格兰来到西雅图两次，各停留约一个星期。在这两星期里，他每天下午与学生们一边讨论、一边勾画草图，指导设计方案。傍晚的时间大多用于公开讲座，每次都座无虚席。讲座之后，他会与学生们、建筑系的教师和建筑师朋友们共进晚餐。

与格兰在一起的时间，令人受益颇多。每一次，格兰都会与你交流对世界的观察与认识。他的谈话中点缀着趣闻轶事，气氛轻松而随意，然而敏锐与深刻的见地总是贯穿其中，显现出一套缜密严格的原理。

为了让读者分享这种感受，就需要再现他和学生们、讲座听众们之间交流的过程，通过准确的记录，使读者能够听到他激情饱满的话语和思路严谨的剖析。

格兰的教学方式，建立在他多年积累的实践经验之上。他从不试图将鲜活的原理缩减成僵化的条文或者即兴的高谈阔论。从本书记录的文字中，可以感受到他条理清晰的教学方式。

除了格兰的几次讲座和谈话的节选，本书还包括了几篇短文。华盛顿大学建筑系的教师们，借此表达了自己对于格兰的教学过程的感触。

格兰时间

彼得・考汉

格兰身在西雅图的时候，无论周末还是其他节假日，每一天都是设计课。

在总计 10 个星期的学期当中[1]，他会来西雅图两次。第一次安排在第三个星期，停留 8 天；第二次是在第七个星期，停留 7 天。在这两个星期里，他指导的学生们会取消其他所有活动，全身心地投入设计课。

第一次到访的第一天，格兰会亲自去课题项目的用地踏勘，然后听学生们讲述他们在前一星期完成的地段分析。格兰不断地向学生们提出有关气候、动物栖息、植被生长、地质和地形的问题。随着这些提问的过程，学生们逐渐意识到用地的各种微妙特征的重要性。

这个星期余下的时间是设计的过程。摆在建筑系学生教室正中间的桌子，成为大家活动的焦点。设计课从每天的中午开始。学生们逐个把自己的草图在桌上摊开，学生、格兰和另一位指导教师展开三方讨论。格兰手握着铅笔，主导讨论的过程。他时而勾画一些解释性的草图，时而引用与课题相关的实例，时而提出有引导性的问题，出人意料地从学生们的头脑里发掘出精辟的见解。其他设计组的学生们也可以围坐旁听。和小组里的每个学生都完成半小时的讨论之后，格兰才会离开。他离开之后，学生们立即开始为第二天讨论准备新的草图和工作模型。

第一次到访的最后一天，学生们会陈述他们的初步方案，由格兰和建筑与规划学院的几位教师作为评委。总体上，格兰会给予每个学生的方案较为正面的评价。但是，他也会非常明确地指

7

格兰·莫卡特走出辛普森－李住宅，新南威尔士州威尔逊山
（摄影：里克·莫勒）

出希望在下次到访时看到哪些改进。

接下来的几个星期里，在另一位教师的指导下，学生们继续修改完善自己的设计，并且准备 1：25 的剖切模型，它将是格兰下次到访第一天讨论的关键内容。

第七个星期，设计课重归"格兰时间"。然而，这一次的重点从地段和建筑的关系转移到了建筑与细部的关系。这些细部要应对阳光、风和雨水，并且注意到材料随自然条件的变化而伸缩、风化。格兰循循善诱，让学生们的设计中自然地滋生出一种朴实、优雅和适度。学生们则一直努力工作到最后评审的那一天，在格兰走后的数周内，还有时间做好合格的图纸和模型。

第二次到访的最后一天将举行评审，展示紧张充实的设计课取得的成果。评委们都是格兰多年来在世界各地讲学结识的朋友。格兰的习惯是，首先让这些建树不凡的同行们针对每一个方案畅所欲言，然后由他提出自己的意见作为总结。

评审结束之后，在学院后面的空地上将举行一次"烧烤会"，由这一届和往届格兰指导的学生、评委们和学院的教师们为他践行。

次日，格兰行色匆匆地返回澳大利亚。

1. 华盛顿大学实行每年四个学期的"Quarter"制，因此每一个学期较短。——译者注

环境研究与教学中心，2004 年

格兰·莫卡特与彼得·考汉联合指导

项目任务书：
研究用房： 试验室 / 工作室、单人办公室（三间）、储藏间 / 仪器间、标本清理及干燥区、标本室。
教学用房： 大会议室、公众教育（备选）、计算机房。
居住： 常驻教师卧室（三间）、短期参观者卧室（可容纳 16 人）、厨房、卫生间（两个）、帐篷露营平台（备选）。
辅助用房： 设备机房、公共卫生间、洗衣房、停车库、工具储藏室。

　　慈善家小罗伯特·艾里斯先生（Robert H. Ellis，Jr.），将位于肖岛的一大片土地捐赠给华盛顿大学，用以建立"雪松石生态保护区"。这个保护区将成为生态环境方面科研和教学的平台，提升公众自然环境保护的意识。在这个面积达 370 英亩的保护区里，迫切需要一栋用做环境研究与教学中心的建筑，提供环境保护、修复和资料记录的设施条件。

　　这座建筑将容纳六位全职研究员和前来参观的学生们。学生们将直接参与周边自然环境的保护与修复。要求研究员每年在这里至少驻留三个月时间，而学生至少停留一个星期以上。这种规定将减少人员进出保护区的频率，从而减少居住者对于用地环境的影响，同时促使研究员和学生更深切地了解生态保护区和整个肖岛。

用地位置：
肖岛（Shaw Island）是位于华盛顿州西北部的一个小岛，总面积约 20 平方公里，人烟稀少、植被繁茂。

学生名单：
伊万·博尔卡德（Evan Bourquard）
凯蒂·考克斯（Katie Cox）
凯特·卡德尼（Kate Cudney）
玛利亚·多（Maria Do）
肖恩·卡吉金（Sean Kakigi）
劳拉·兰斯（Laura Lenss）
艾迪·罗塞尔（Ed Rossier）
安德烈斯·威拉瓦塞斯（Andres Villaveces）
马特·华莱士（Matt Wallace）
马克·沃德（Mark Ward）
萨拉·瓦兹（Sara Wise）

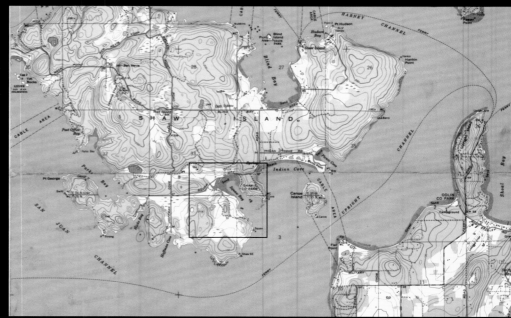

与学生们对话

格兰 · 莫卡特
2004 年 4 月 12 日

学生：我有一个关于施工承包商的问题：你怎样和他们建立起一种融洽的关系，实现那种理想的施工质量？

格兰：这是一个非常好的问题。要知道，在我成长的那个年代，建筑师和承包商是完全不同的两类人。在施工过程中，如果建筑师来到现场，发现施工质量没有达到要求，他通常会说："这个不合格"或者"你过来瞧瞧"，然后把那片墙推倒，再补上一句，"真是糟糕透顶。"这种做法显然无法满足某些人的自我崇拜。

学生：（笑声）

格兰：我本能地采用另一种解决方式。然而我是在一个施工承包商提醒之后，才意识到自己的做法与众不同，从此刻意地每一个项目都沿用这种做法。因为许多项目的施工现场都在偏远的地方，我一般会在上午茶歇时间或者午餐时间到达那里。我多半会有些口渴，所以就随口对工人们说，"嗨，伙计们。我想喝点儿茶，给我来一杯茶怎么样？"他们全都愣住了。建筑师居然请他们这些工人一起坐下，还向他们要一杯茶喝。看上去他们还会给我一块三明治，于是我就说："对了，再给我来一块儿三明治。"突然之间，他们简直不敢相信我会这样做。

如果你在现场看到某一处施工粗制滥造，（语气停顿）就径直找到那个工人，对他说："这个不合格。"那会让他很难堪。我能够理解，那种滋味很不舒服。因此，当我发现施工质量的确很糟糕，

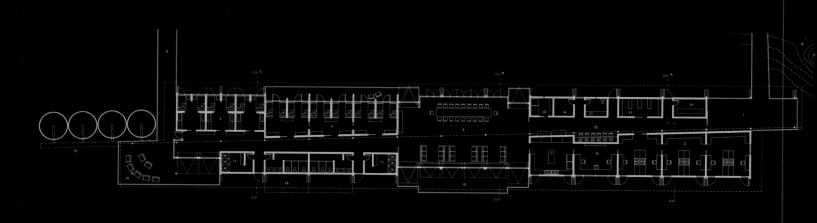

我会一言不发。这好像是我天生的习惯，自打我从事建筑设计之初就是这样。我会在现场转来转去，找到同一个工人做的一处很漂亮的活儿。然后，我把工头叫来对他说："这里是谁负责的？"

他回答："是那个焊接工比尔干的。"

"非常好，这一块活儿做得棒极了！"

毫无疑问，工头有些飘飘然。他会把比尔找过来，"嗨，比尔，建筑师刚刚夸你这块活儿做得棒极了"，比尔也跟着有些飘飘然。这时候，我会告诉他，"你瞧，如果你能把活儿做到这样的水准，那就把这样的水准保持下去。等完工的时候，你会看到一个兴高采烈的建筑师。"好了，这个伙计立刻对我言听计从。

学生：（笑声）

格兰：然后，我会继续在现场转悠。半个小时之后，我把他找去看那个做得很糟糕的部位。"嗨，比尔，瞧瞧这个。"

他会说，"哇，不怎么样啊。"

"是啊，你要是再花点儿时间，肯定能把它变个模样"。

"没问题，我来把它收拾好"。

每一次都是这种情形，没有争吵，无一例外。假如你直接去找他，他就很没有面子，他会感觉像那片墙一样被推倒了。这是你对别人最可怕的一种打击。你必须找到恰到好处的表达方式。这一点极其重要。你先指出来他能够做出怎样漂亮的活儿，接下来他就会做出这样漂亮的活儿给你看。你会和工匠们建立起一种令人满意的关系。

我最初学会有意识地运用这种解决问题的方法，是因为一家芬兰的施工承包商。它的合伙人是两个芬兰人，卡库玛（Lasse Kaukkauma）和约克博格（Yokoberg）。他们都是很出色的承包商。尽管有些时候他们下面的分包商表现欠佳。到目前为止，与我有过合作的大约五六十个施工承包商当中，是他们最早发现了这种"坐下来一起喝早茶"行为的巨大价值。

他们两人对我们之间的关系非常自信，以至于会热情地邀请我："来和我们蒸一会儿桑拿怎么

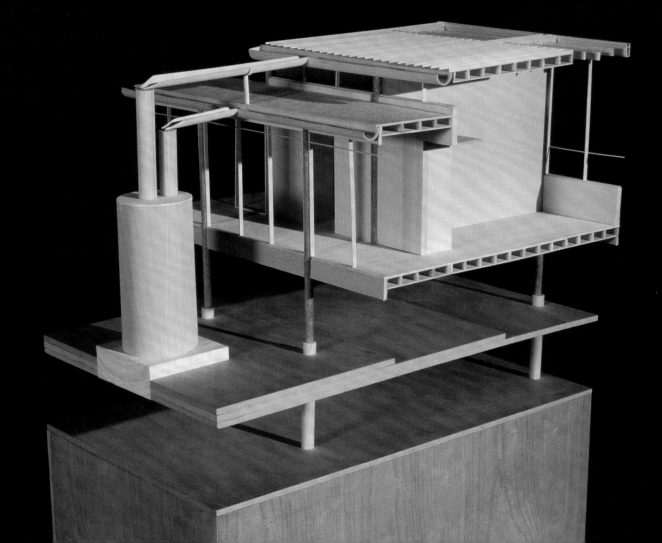

样？"要知道，没有什么东西能像蒸桑拿一样把你的真心话全都掏出来。有些星期五的晚上，我会和他们一起灌几口酒劲儿很冲的伏特加。还有那么几次，我已经没法儿开车回家了。对了，还配着一些怪味儿足以让你昏倒的芬兰香肠。

学生：（笑声）

格兰：有一次，在伏特加的帮助下，他们开始讲一些自己和建筑师打交道的故事。他们告诉我："盖你设计的房子，实在是很荣幸的事情。因为你真的很识货，并且会让我们知道你赞赏我们做的事。"这一点很重要，让他们知道你赏识他们所做的事。卡库玛说："你会坐下来和我们谈。我们和很多建筑师打过交道，"当时他已经 60 岁了，"我干建筑承包这一行 40 年了，能坐下来和我们谈一谈的建筑师，只有你一个。而且你会在星期一的上午，在工地上指给我们看，这一块儿做得还不够好。我们痛快地接受，因为你说得没错儿。"

我认识他们，是因为他们中标了我设计的第一个项目。在这之前我不认识他们，但是听说过这两个芬兰人。那时候，卡库玛 55 岁。他手下的也全都是芬兰人。包括一个女画家和她丈夫。他把自己的队伍排成一行，领着我和他们握手，把我介绍给每一位。他们全都摘下帽子，向我点头致意，然后一一握手。

如今，卡库玛已经在四年前去世了。约克博格自从建好了我们合作的最后一栋建筑，也就是我自己的住宅，他就退休了。我想我很快会搞清楚，他是不是因为再也忍受不了我的折磨才退休的。在新南威尔士，我有过八九个施工承包商，在南澳大利亚有一个，在维多利亚省有一个，都很出色。我和他们保持着非常融洽的关系。我可以和他们一道出去喝一杯，我喜欢和他们打交道，可以称得上是他们的朋友，并且我认为一个建筑师仅仅是说话不那么气势汹汹还做得不够。以上这些是不是回答了你的问题？下一个问题？

……

学生：我们都知道你的建筑具有很强的地域性，也就是说基于你的国家澳大利亚。我很好奇，这种创作的地域性是你有意识的选择，还是因为你很自然地了解自己的国家，然后逐渐形成了这种风格？

已如我提到过的，我父亲是一个很好的设计师。在他看来，设计就是对你所处的环境
的反应。

格兰：嗯，想必你们都听说过，我的事务所始终只有我一个人。我做建筑的方式，是一种非常个人化、非常小规模的方式。我没有任何雇员，因此我不去澳大利亚以外的地方承接项目。我在澳大利亚设计建筑所依据的规律，是基于一些问题，但是这些问题适用于世界各地。

非常简单——太阳从哪边升起？风从哪边吹过来？坏天气是怎么出现的？什么时间出现？好天气是怎么出现的？什么时间出现？下雪究竟是怎么一回事？寒冷潮湿的天气会有什么影响？项目的地形是什么样？水文、地热是什么状况？有哪些植物？有哪些动物？这个地方过去是什么样？这片地区有怎样的历史？如果是在美国，要从今天一直回溯到印第安人时期的历史。我会针对自己的国家提出这些问题，我也带着同样的问题来到西雅图。我的作品强调地域特征，这源自于我的家庭。正如我提到过的，我父亲是一个很好的设计师。在他看来，设计就是对你所处的环境的反应。

……

在地域环境中我最感兴趣的东西就是景观。我的设计过程与景观有密切的联系。我喜爱景观。如果我没有成为一个建筑师，我一定会做一个景观设计师。我认为，植物是日常生活中最奇妙的元素。能够欣赏到美丽的景观，实在是人生的一大幸事。你们不妨去看看北瀑布、南瀑布，还有雷尼尔山。[1]

……

学生：格兰，我有一个问题。你设计的艾德顿住宅[2]不仅是为一个家庭而建，而且也是为一个社区群体设计，是这样吗？

格兰：是的。

学生：你是否认为，我们应当对于"把自己的家向社区开放"这种观念给予更多关注？如果是这样，又应当如何做呢？

格兰：好。我首先要澄清一个概念。澳大利亚的原住民并不持有土地，他们也从未持有过土地。土地是他们的母亲，你怎么可能持有自己的母亲？土地是每一个人的母亲，是造化的馈赠。你应当像尊敬自己的母亲那样尊敬土地、尊敬造化的馈赠。因此，对于原住民而言，不存在土地

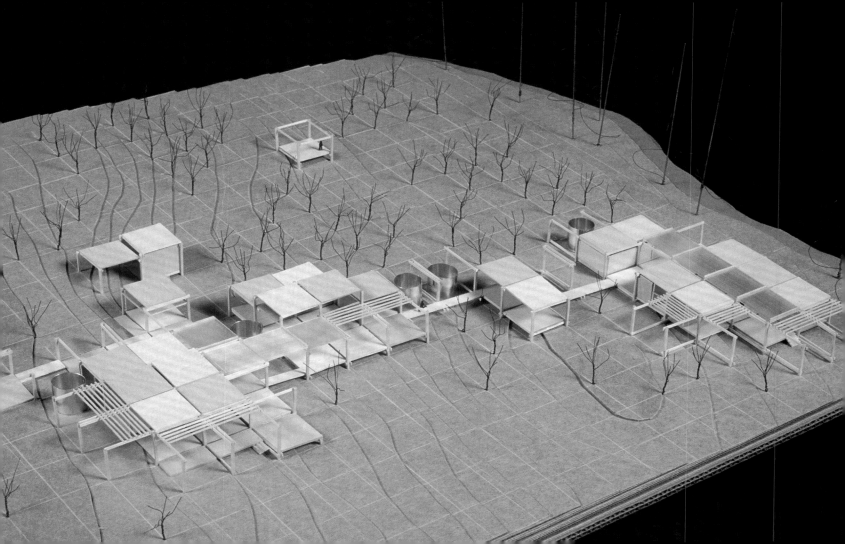

左图　2004 年设计课成果
　　　设计者：劳拉·兰斯
　　　用地及建筑模型

右图　2004 年设计课成果
　　　设计者：劳拉·兰斯
　　　建筑构造模型
　　　构造细部

划分归属的概念。社区群体也并不持有土地。但是在土地上的居住权是另外一个问题，如果你的文化历来就和这片土地关联，那么任何外来者进入这片土地，就算是侵犯。

……

它是一座社区的住宅，因为那块土地是社区的土地。相同的道理，连建造你的住宅的材料也不是归你所有。它们都是造化的馈赠。在原住民的世界里，猎物并不是被你捕获，而是将它们自己馈赠于你。这是一种与欧洲文化截然不同的观念。原住民们嘲笑我们，"你们全都被优胜劣汰、适者生存的规律控制着，我们是这个星球上延续时间最长的文明，我们却是依靠合作而生存。"他们生活的观念与我们有天壤之别，他们的生存是基于合作。

……

艾德顿住宅的业主是一个原住民，一位女艺术家，她也是我从前的业主詹妮的好友。她曾在我为詹妮设计的住宅[3]里住过很长一段时间。某一天，我去旁听一个讨论会，而她恰好是发言者之一。有人告诉她我就在听众席里，于是她找到我，对我说她在詹妮的家里住过，虽然詹妮的家是一个白人的家，但是对于像她这样的黑人土著已经足够好了。她的原话就是这样。我问她，为什么这样讲？

她回答说："那是一座健康的房子。"

下接第 25 页

内斯夸利环境教育中心，2005 年

格兰·莫卡特与彼得·考汉联合指导

项目任务书：
接待区：入口门厅、引导培训区、办公室。
教学区：教室 A（野生动物研究）、教室 B（人类栖息、土地及水体研究）、观景平台。
辅助用房：厨房、卫生间、储藏室、清洁间、设备机房。

　　位于普吉特海湾南端的内斯夸利河三角洲，素以自然环境多样、物种资源丰富著称。内斯夸利河的淡水与普吉特海湾的咸水交汇于此，形成了富含养分与颗粒物的水体。面积达 3000 英亩[1]的淡水和咸水沼泽、草地、河岸和森林交错在一起，为候鸟水禽、猛禽、涉水禽等多种野生动物提供了繁衍生息的理想场所。

　　目前，每年有大约 5000 名学生、教师和团体组织者参观内斯夸利国家野生动物保护区。它给予学生们宝贵的机会，体验和了解真正的自然界。

　　2004 年 8 月，政府通过了针对这一区域环境保护的决议案。内容之一是扩大环境保护教育的力度，达到每年接待 15000 名学生的规模。主要的接待对象，包括从幼儿园到高中各个年龄段以班级为单位的学生，以及居住在普吉特海湾周边的青年社团。在某些特定时段，例如"内斯夸利水源地保护节"，保护区也向公众开放。

1.　一英亩约合 4000 平方米——译者注

用地位置：
内斯夸利国家野生动物保护区（Nisqually National Wildlife Refuge），位于华盛顿州西北部，得名于华盛顿州西部的印第安部落"内斯夸利"（Nisqually）。

学生名单：
卡尔·贝克（Carl Baker）
特维斯·贝尔（Travis Bell）
摩根·恩尼斯（Morgan Ennis）
卡伦·艾斯温（Karen Esswein）
布拉德·加斯曼（Brad Gassman）
克里斯蒂娜·凯斯勒（Kristina Kessler）
斯科特·库奇塔（Scott Kuchta）
卡里·门德尔松（Carly Mendelssohn）
杰夫·奥特姆（Jeff Ottem）
查德·罗伯逊（Chad Robertson）
劳伦·提道尔（Lauren Tindall）
伊恩·威瑟斯（Ian Withers）

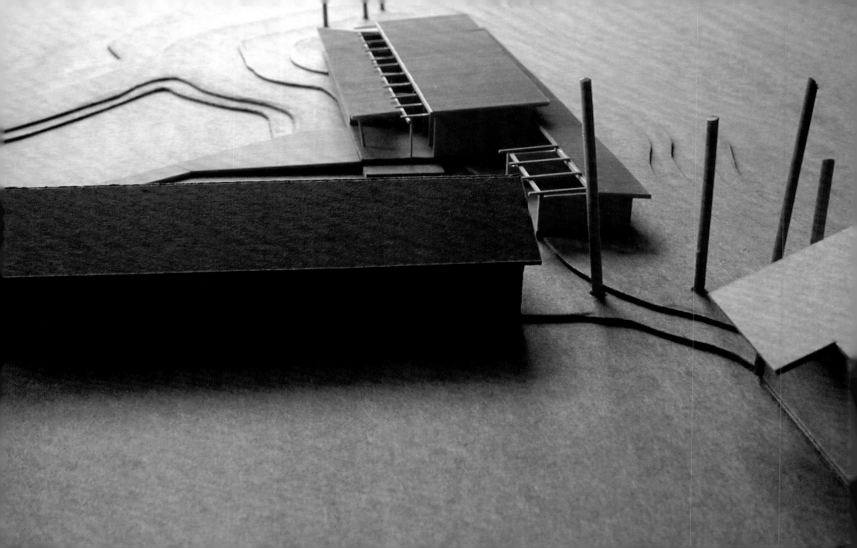

左图　2005 年设计课成果
　　　设计者：卡尔·贝克
　　　建筑模型

右图　2005 年设计课成果
　　　设计者：卡尔·贝克
　　　用地环境剖面图

"健康的房子是什么意思？"

她告诉我，作为一个原住民，她需要能在屋里看到地平线，需要看到每一天的天气变化，需要知道谁走过来了、谁离开了。"地平线告诉我们天气如何变化，告诉我们哪些人走过来了、哪些人离开了、哪些动物靠近了、哪些动物走开了。我还需要能方便地把这座房子打开、合上，而不用把墙壁拆了。我能真切地看到、感受到，在屋里感受到外面发生了什么。这些就是健康的房子的基本含义。"

学生：（笑声）

格兰：所以，我对于人们内心的渴望很感兴趣。这一点非常重要。渴望，它是人类生活中美好的一面。渴望做一些非常重要的事。渴望做一些关乎责任的事。

1. 北瀑布（North cascades）、南瀑布（south cascades）和雷尼尔山（Mountain Rainier），分别是华盛顿州的三处自然风光雄奇的国家公园。——译者注
2. 艾德顿住宅（Marika-Alderton House），1994 年建成，位于澳大利亚北部，业主是一位原住民艺术家。——译者注
3. 莫卡特的另一座住宅作品（Jenny Kee House），主人詹妮是一位白人与华人的混血后裔。——译者注

我告诉我的学生们，在你们的作品里一定要注入三样东西：第一是辛劳，第二是热爱，第三是痛苦。

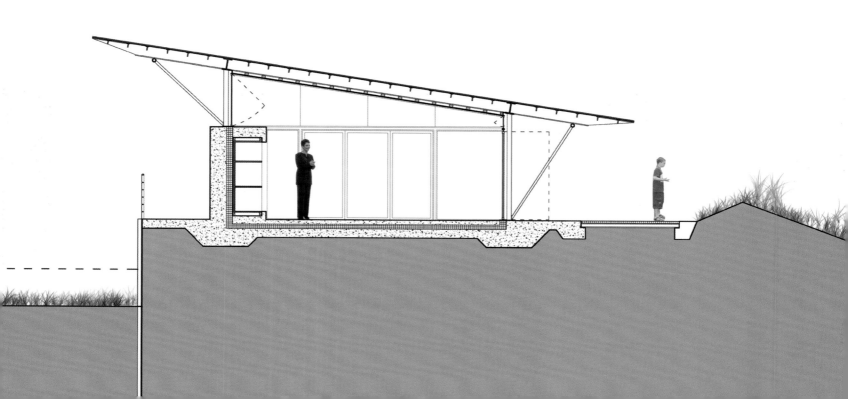

凯里森建筑事务所 [1] 午间讲座

格兰·莫卡特
2007 年 5 月 17 日

27 分 05 秒

……我父亲曾经告诫我，孩子，绝不要匆忙地成功。他把这当作职业建筑师应当遵守的重要原则之一。我认为他讲得非常对。从我投身于建筑，用了很长一段时间才开始设计公共建筑项目。

28 分 11 秒

……他还告诉我："时刻提醒自己，你必须比自己估计的极限走得更远一些。"

我认为，这是建筑师尤其是年轻建筑师，应当牢记的另一条重要原则。记住，做建筑需要时间，要花费很长的时间。建筑不是那种你在一夜之间靠灵光一闪就能完成的事。我去年在这里做讲座的时候，和史蒂夫 [2] 讨论过一个构思是如何发展的。他很欣赏我的看法。你向前两步，再向后一步，甚至会向后三步，但是你刚才向前的两步并不是无用的，因为你发现了另一个方向，或者解决问题更好的、更经济的方式，或者更富有诗意的方式。在许多情况下，当诗意和理性融合在一起时，建筑就开始歌唱。我认为，任何建筑创作都需要经过这样一个非常重要的阶段。

西班牙建筑师科德奇（Jose Coderch）[3] 曾经这样对我讲："我告诉我的学生们，在你们的作品里一定要注入三样东西：第一是辛劳，第二是热爱，第三是痛苦。"我去年在华盛顿大学讲课时就引用过这段话。今天，我再次重复这段话。我可以很肯定地讲，如果你们没有在这门职业里体会到痛苦，那么必然是某些地方出错了。

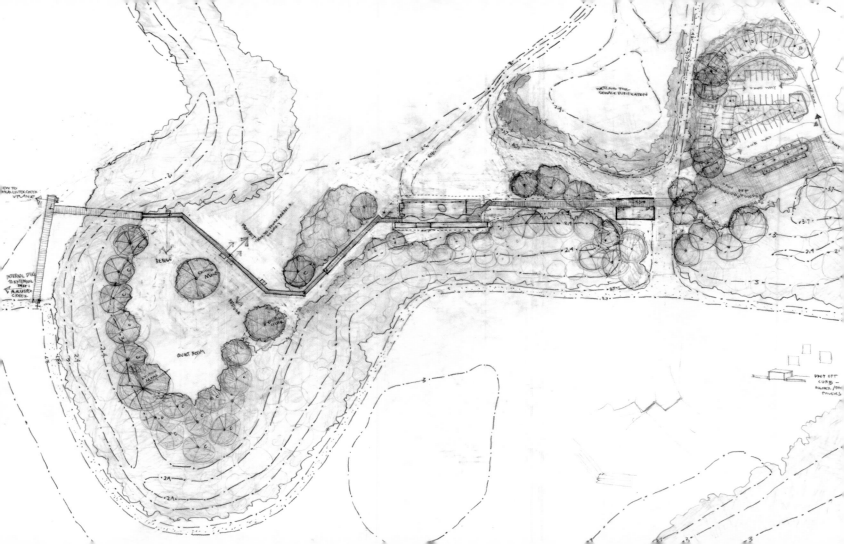

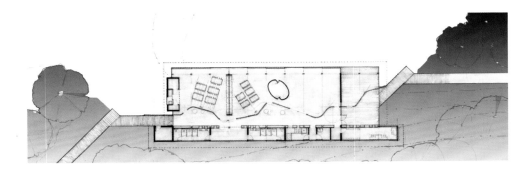

（听众大笑）

科德奇还说过："即便你的作品并不出色，但是它会显现出你倾注的心血与奉献。"当然，作为一名西班牙天主教徒，他的观点带有强烈的天主教色彩，但是他所说的是事实。我想他说得很对。

他还告诉我，"每次设计一个新的建筑，我都非常紧张。"要知道，从来没有一个建筑师对我说过，他或者她在开始一个新的设计时感到紧张。在我看来，他们全都自信得一塌糊涂。动手设计吧，容积率多少？没问题，解决了。需要盖多少层？全都不在话下。完成了。需要 35 层？没问题。统统解决了。可是立面究竟是怎么回事儿？这个是怎么回事儿？那个又是怎么回事儿？我认为，（叹气），建筑是非常深刻的，它有许许多多的层面。作为一个人，也作为一名建筑师，我被各种复杂的矛盾所包围，动弹不得。我感到恐惧，无法前进。

而科德奇的话让我一下子感到无比轻松。我终于明白，感到恐惧是很自然、很正常的事。事实上，感到恐惧是从事建筑的一个必要环节，一切都迎刃而解恰恰不那么正常。意识到这一点对于我非常、非常、非常的关键。这是我们所有人都要面对的共同问题。自信固然很重要：拥有信心，知道你能够把问题解决。但是，那种不知道如何解决问题的焦虑更加可贵。在我看来，一名建筑师最伟大的能力，就是知道在哪些情况下你的作品仍不够好。这是一种很重要的能力：知道它仍不够好。要具备一种批评的能力。

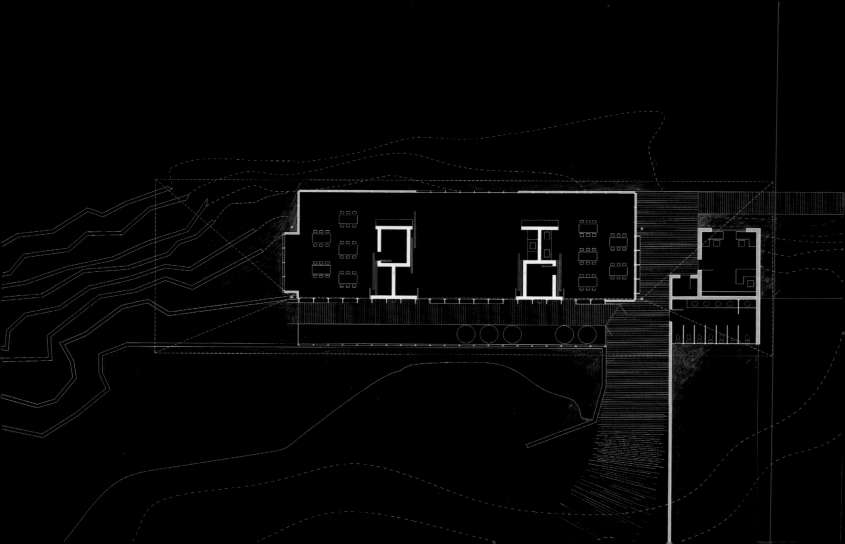

"我对学生们要求非常严格，那是因为我对自己要求很严格。作为一名建筑师，我始
终不懈地推着自己向前。"

34 分 52 秒

我对学生们要求非常严格，那是因为我对自己要求很严格。作为一名建筑师，我始终不懈
地推着自己向前。我今年 71 岁了，仍然怀着 30 岁的人那样的热情，或许比很多 30 岁的人更有
热情……

我经常告诉学生们："永远不要害怕丢掉一个好的想法，因为有许多其他好的想法在等
着你。你需要做的，就是去发现它们。"我并不相信所谓创造物本身，我承认，存在某种创
造的过程，然而这种行为的本质是发现。作为建筑师，我们的角色始终是发现者。任何已经
存在、或者具有潜力付诸实现的建筑作品，都只是静候我们去发现，而不是创造。它与创造
无关，仅仅是发现，一个发现的路径。具有创造性的是发现的过程，发现那些对于你很重要
的东西。

37 分 00 秒

（格兰开始在黑板上画）

47 分 36 秒

……建筑是关于各种事物的体验。到达的体验、嗅觉的体验、触觉的体验、观看的体验、行
走的体验。我认为，正是种种这些体验构成了建筑的本质。

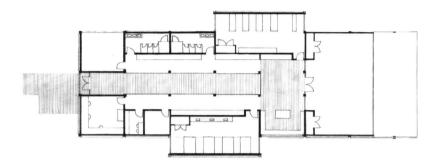

左图　2005 年设计课成果
　　　设计者：劳伦 · 提道尔
　　　室内渲染

右图　2005 年设计课成果
　　　设计者：劳伦 · 提道尔
　　　建筑平面图

54 分 26 秒

……你可以调节室内的空气流动，调节湿度和温度，也可以改变室外的气流速度。在我看来，这的确是一种非常好的设计思路。你需要了解光照和热量，了解蒸发降温的原理、如何利用正压和负压的原理、空气如何流动。它们都有自己路径：气流的路径、水分的路径、循环的路径、收集的路径。我们将屋顶上的雨水全都收集起来，雨水顺着落水管注入埋在建筑下面的一个巨大的储水罐。因此，我们可以以全年都有冷水，这是全镇其他地方所没有的。我们要和各种路径打交道。我认为，在许多情况下人们对这些问题视而不见。

56 分 18 秒

现在我们了解了关于水的各种状态……

56 分 47 秒

……最重要的是海拔和纬度的问题。它们决定了自然景观的差异。还有土壤状况、气候状况、热量与太阳。这些全都会影响每一个地区的数据和状况。我们的身体也存在类似的地势起伏。从前额到眉毛、睫毛再到眼球。它们都是在不停工作着的一个区域，它们是一些边缘。我们几乎忘记了这些边缘意味着什么。而建筑的边缘尤为重要。我设计的绝大多数建筑，都在边缘处呼吸，

下接第 37 页

凯恩莫水上飞机航站，2006 年

格兰·莫卡特与里克·莫勒联合指导

项目任务书：
航站：检录、行李托运、达到、出发、美国海关。
管理：职员办公室、飞行员准备间、休息室。
公共空间：入口门厅、展览厅、咖啡厅及纪念品商店、观景平台。
辅助用房：设备机房、卫生间、清洁间、装卸货区、工具储藏室、通信机房。

　　创建于 1946 年的凯恩莫航空公司（Kenmore Air），是当今全球第二大水上飞机航空公司，也是西雅图的城市历史和独特文化的重要组成部分。

　　凯恩莫航空公司的水上飞机空港，位于西雅图市联邦湖西南角的南岸公园。目前，每年有大约 70000 名旅客乘坐水上飞机从此处离港。在 4 月到 9 月的高峰期，会出现游客座椅和交通空间紧张的情况。

　　这个课题是为该空港设计一个新的航站楼和展览厅[1]。它提供了一个独特的机会，探讨如何在陆地、水面与天空三者的交汇点，建造西雅图和周边地区之间的交通枢纽。展览空间将用来展示水上飞机的历史，而这也是西雅图与航空业发展的重要内容之一。

　　这个项目位于湖西大道北段和湖岸之间，毗邻联邦湖南岸公园[2]，它的东南侧是"木船中心"，西南侧是"西雅图中心"。地段附近的联邦湖南岸地区正在加大发展建设力度，有大量商住混合功能的建筑正在设计或者施工中。

1．　西雅图市的一个展示各类木船的室外博物馆。——译者注
2．　西雅图市占地 30 公顷的多功能公园。——译者注

用地位置：
华盛顿州西雅图市联邦湖（Lake Union）南岸。

学生名单：
托德·贝瑞瑟（Todd beyreuther）
里贝卡·库克（Rebecca Cook）
埃米莉·多伊（Emily Doe）
布莱克·加拉格尔（Blake Gallagher）
格里格·哈利（Greg Hale）
艾玛·诺温斯基（Emma Nowinski）
野泽浩三
埃里克·珀卡（Erik Perka）
里贝卡·罗伯茨（Rebecca Roberts）
亚当·史克（Adam Shick）
布莱特·史密斯（Brett Smith）
莫妮卡·威莱姆森（Monica Willemsen）

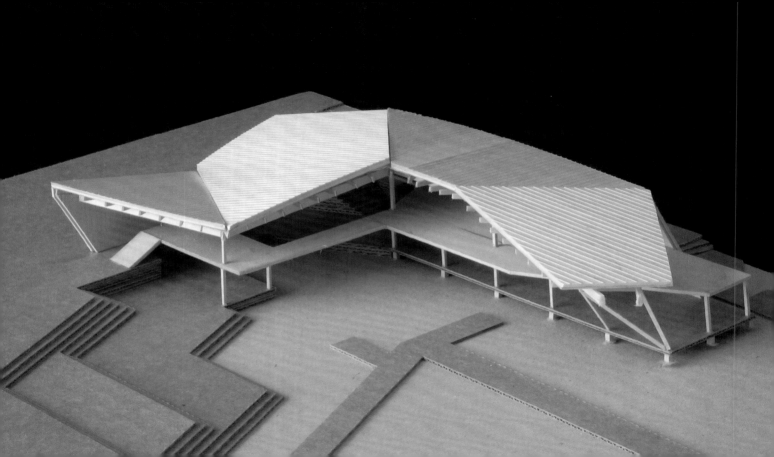

左图　2006 年设计课成果
　　　设计者：布莱特·史密斯
　　　工作模型（俯视）

右图　2006 年设计课成果
　　　设计者：布莱特·史密斯
　　　最终建筑模型（从水面方向看）

在边缘处感受外界。

　　从许多角度看，设计建筑并不是设计一座房屋实体。从某种角度讲，它和设计乐器非常接近。你从不会设计好一件乐器，然后指着它说："看来这又是一件很美的东西。"

　　小提琴、大提琴或者任何一种铜管乐器。并不是被设计成自身就能产生美。只有感受它们的演奏，才谈得上美。你不妨想像一下，一位天才的头脑写出一段乐谱，由一个乐手或者乐队演奏出来，再由听众欣赏美妙的乐声。观众们通过这些乐器，听到了作曲家思考的结晶。我认为，建筑与此没有太大的区别。

　　我认为，建筑并不一定是一个物体。许多人把我设计的建筑看成"景观中的物体"。它们并不简单地是景观中的物体。我们都是接收器，我们生活在这些房屋里。它们迎进冬日的阳光、挡住夏天的烈日，它们就像是正在演奏的乐器。东北风从海上吹来，你可以闻到大海的咸味。如果东北方向种了花，你还可以闻到花的香气。你能感受到芳香飘进你的屋子。这一点非常重要。

59 分 50 秒

　　……于是，建筑在某种程度上变成了一个接收器，它捕捉我们身边所有这些讯息，再翻译成我们可以感知的体验。

……于是，建筑在某种程度上变成了一个接收器，它捕捉我们身边所有这些讯息，再翻译成我们可以感知的体验。

1 小时 00 分 54 秒
……建筑成为我们生活的一个调节器，这就是我理想中建筑应有的状态。

1 小时 02 分 54 秒
一位听众：很显然，你从职业生涯早期就接触了许多学生。我有两个问题。第一个问题，对于刚刚起步建筑师，你有哪些建议来帮助他们站稳脚跟，取得成功？第二个问题，对于已经具备一定经验的建筑师，你又有什么样的建议？

（格兰以手示意坐在一旁的凯里森事务所的几位合伙人）我想你们几位应当先来回答。

（听众大笑）

最重要的是倾听别人的意见。倾听、理解，然后做出判断。我想引用我父亲的话回答你的问题。当我将要独立开业的时候，也就是他去世之前不久，我告诉他，我想要独立开业。

"好吧，孩子。你现在想要迈出这一步。记住：你希望它以怎样的方式结束，就以怎样的方式开始。"对于年轻的建筑师，首要的就是以你希望它结束的方式来开始。

他给我的另一个忠告是："每一次你经过考虑之后让自己的作品做出妥协，都会带给你下一个项目的机会。"我把这条原则也送给你们。一件作品会催生另一件作品，这非常重要。

还有一点也很关键，我在前面就提到过。"绝不要匆忙地成功"。这也是我发现目前存在的一

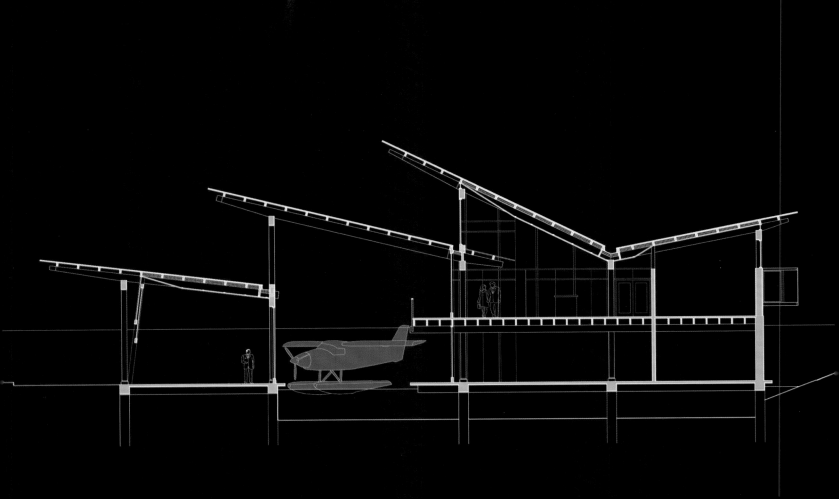

每一次你经过考虑之后让自己的作品做出妥协，都会带给你下一个项目的机会。

个严重问题。今天的人们都想在 30 岁时就登上行业的顶端。

1 小时 04 分 58 秒

你们应当成为好的建筑师。正如密斯所讲的："我对于有趣的东西不感兴趣，我只对好的东西感兴趣。"我认为，这是另一条原则，只对好的东西感兴趣。

1 小时 06 分 12 秒

我以前曾经参加过游泳比赛。那时候，我父亲就是我和几个弟弟妹妹的教练。夏天里，每天早晨和下午放学后，我们都要游 500 米。游完之后，他会对我们说："你们必须在一分钟内再游 100 米。"我们照办了。有时候，他会接着再提出："现在，我要你们再游一个 100 米，我要你们游得更快些，达到 58 秒。"我们就会冲着他大叫："你这个混蛋！"

（听众大笑）

后来过了大约一年，他才向我们解释："在生活中会有这样的情形，你觉得筋疲力尽，到达了自己的极限。你已经彻底受够了，不可能再向前一步。这时候，有人找到你说，我想要你做这个，或者想要做那个，希望你重新振作起来。"

"孩子们，我想要教会你们，要再向前走得更远些。"我要送给你们的另一建议就是：不要放弃。你身上总是能再迸发出一些能量。你总是能够再次思考，反复地重新思考。

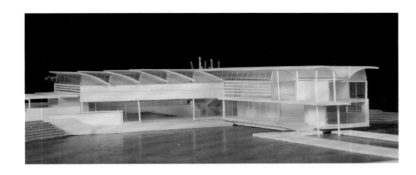

左图 2006 年设计课成果
　　　设计者 : 野泽 KOZO
　　　建筑构造模型

右图 2006 年设计课成果
　　　设计者 : 野泽 KOZO
　　　建筑模型

1. 凯里森建筑事务所（Callison Architects）是总部设在西雅图的一家大型建筑事务所，创建于 1975 年。——译者注
2. 凯里森建筑事务所的设计总监之一，史蒂夫·德沃斯金（Steve Dwoskin）。——译者注
3. 科德奇（José Antonio Coderch，1913 ~ 1984），西班牙建筑师，长期在巴塞罗那建筑学院任教。——译者注

朋友之间的谈话

格兰·莫卡特与尤哈尼·帕拉斯玛[1]
2008 年 4 月 11 日
主持人：彼得·考汉

彼得·考汉：我刚刚还在想，格兰[2]获得的奖项数量恐怕比他的建成作品还要多。而其中的大奖之一就是 1992 年的阿尔托奖[3]。在赫尔辛基的颁奖典礼上，他结识了今晚的另一位嘉宾，尤哈尼·帕拉斯玛。自那以后，他们两人成为非常好的朋友。我想今晚我们所要做的，就是在一旁偷听这两位朋友之间精彩的谈话。接下来，请格兰和尤哈尼就座。

我想把"回忆"作为今晚的开场话题。许多建筑师对于建筑的兴趣，都可以追溯到自己早期的童年回忆。其中一个最著名的例子，就是阿尔托。他的父亲是大地测量员，他很小的时候常常在父亲的工作桌下面玩，那是一张非常大的白色桌子。你们两位的童年往事里，有没有某些片段预示着自己日后投身建筑事业？

格兰·莫卡特：我出生在旅途中。6 岁之前我生活在巴布亚新几内亚[4]，直到 1941 年太平洋战争蔓延到那里。可怕的焦土政策迫使我们回到了澳大利亚。我敢说，在巴布亚新几内亚的幼年生活，是一个孩子可能获得的最丰富而又深刻的体验。我在当地原住民的环境中长大，我的母语是混杂了土语的、不伦不类的英语。

在我们生活的地区，某些部落仍然保留着食人的风俗，而白人正是他们青睐的对象。食人部落会在黄昏时分翻过小山丘，蹚过一条叫做"惊奇"的小溪（那里的确常有令人惊奇的事发生）。

下接第 49 页

皮尔查克玻璃工艺学校，2007 年

格兰·莫卡特与吉姆·尼科尔斯联合指导

项目任务书：
9 套卧室，可用做单人间或双人间（包括写字台、衣柜等家具及全套灯具，要求有过堂风自然通风）。开敞的前廊（安装防蚊虫帘幕）、厨房、起居室、洗衣房、两套淋浴和厕具。

    20 世纪 70 年代，戴尔·切胡利（Dale Chihuly）、詹姆斯·卡朋特（James Carpenter）、巴斯特·辛普森（Buster Simpson）和安·豪博格（Ann Hauberg）夫妇五人共同创办了皮尔查克（Pilchuck）玻璃工艺学校。校址位于西雅图以北约一小时车程的斯坦伍德镇附近，在一处青草葱郁、树林环抱的山坡上，俯瞰西面的普吉特海湾。

    现有的"营地式校园"，包括一座木屋、几间玻璃吹制工房、工作室和艺术家的生活设施，都是由一群艺术家和建筑师设计并且自己动手建造的。

    目前，这所学校需要加建教师和员工的宿舍。设计课小组两次来到用地考察，第一次是地段踏勘，绘制地形图；第二次是核对建筑的占地面积和轮廓。

用地位置：
华盛顿州北部的斯坦伍德（Stanwood）。

学生名单：
亚当·阿姆塞尔（Adam Amsel）
阿尼萨·麦茨卡（Anisa Baldwin Metzgar）
凯西·鲍肯（Casey Borgen）
迈克·布尔曼（Michael Bullman）
斯科特·克劳福德（Scott Crawford）
玛利亚·达姆布罗索（Maria D'ambrosio）
杰米·盖林格（Jamie Geringer）
吉夫提·约翰（Gifty John）
内森·兰姆丁（Nathan Lambdin）
阿曼达·莱克威茨（Amanda Lewkowicz）

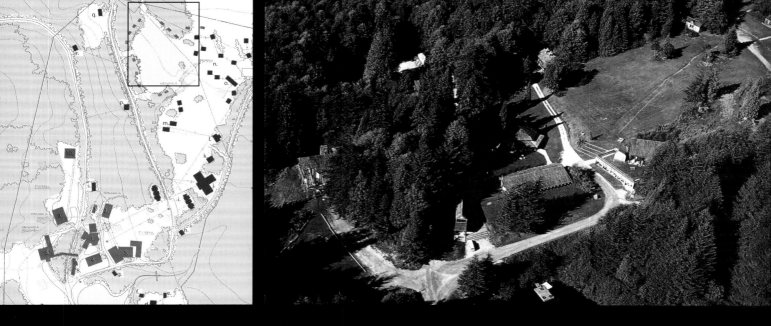

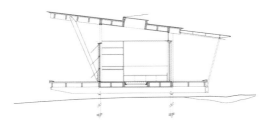

左图　2007 年设计课成果
　　　设计者：斯科特·克劳福德
　　　总平面图

右图　2007 年设计课成果
　　　设计者：斯科特·克劳福德
　　　建筑构造模型
　　　建筑剖面图

山下浓密的茅草有接近 1.5 米那么高，你能看到蛇在草丛中爬过。你心怀恐惧，因为你知道自己必须在接下来的战斗中迅速地占据上风。食人部落的酋长朝我父亲走过来，请他一起坐下，然后掏出一把斧子……幸运的是，我父亲以前是悉尼颇有名气的左撇子拳击手，并且身高 1.8 米。他先是一记利索的左直拳，紧跟着几下连续猛击，把对方打倒在地。那是一个可怕的场景，但也是一个使你不得不敏锐地观察，调动你的嗅觉、视觉和听觉的机会。你能从风中嗅出敌人正在靠近，你能听到草丛里的响动。在我的生活中，观察绝对是一个至关重要的因素。你要学会观察周围的土地、观察水和景观。

我们经常深陷可怕的危险当中，但是仍和澳大利亚保持着密切的联系。每个星期，有一架"舞毒蛾"型号——那种驾驶员在前排，副驾驶在后排的单引擎双翼飞机，光顾我家上空。在大约 60 米高的地方，飞机做一个机身倾斜的向右转，抛下我们的邮包。你瞧，我们家有专用的航空投递服务。

邮包系着一条尾巴似的大飘带，落在浓密的茅草丛中。那是一幅非常奇特的画面。我童年的另一次深刻的记忆是坐飞机。离开大地，从空中俯瞰一个个村庄的布局。太美妙了，我花了很长时间才明白它们不是模型。对于像我那样小的孩子，它们看上去就是模型。

我也清楚地记得战争期间的悉尼。我记得天主教堂旁边的一条街道，修女们在教堂外面用叉

子在挖着什么。有一个邮递员带着哨子和一只狗经过，狗叫个不停，追着咬那个邮递员。这个陌生的环境同样让我感到非常害怕，我仍然不停地观察着。通过观察，了解身处的特定环境，对于我的成长至关重要。

尤哈尼·帕拉斯玛：我的童年回忆不及格兰那样富于异域色彩，但是也同样对我产生了深刻的影响。正如彼得提到过的，我和格兰年龄相同。芬兰的"冬季战争"[6]爆发时，我刚刚三岁。当时，母亲带着我和五个姐妹到外祖父的农场暂避。那个位于芬兰中部的小农场，成了我的第一所也是最重要的大学。

在三四十年代，一个农夫必须能干一千种活计。我的外祖父既会给人看病，同时也是兽医。他会做家具，还有其他一切日常生活中需要的东西。他会猎熊和驯鹿。而我的外祖母自己种亚麻，自己织布做衣服。整个村子里只有两种专门的职业——铁匠和牧师。除他们之外，所有人都要胜任所有事情。我想正是这样的社会结构使我睁大了眼睛，开始对各种各样的事情都很感兴趣。

我的某些朋友觉得我好高骛远，因为我尝试一切事情。但是我认为广泛涉猎只是显示了我的农家背景，与目标高远没有什么关系。从农夫的角度看，一切事物都是相同的，你可以胜任生活中的一切，最关键的是你尽自己的努力。我想告诉在座年轻人另一个事实，在 20 世纪 40 年代贫困农户的家里，只有一本书，就是《圣经》。没有电视，甚至没有收音机。那时候让我着魔的，是一本壁纸样本的小册子。除了在无聊中看外祖父娴熟地干他手里的各种活儿，或者看看鸡飞猪跑，这册壁纸样本就是我唯一的视觉刺激。在我看来，"无聊"是成长过程中一个很重要的因素。正是在无聊的时刻，一个孩子开始培养自己的创造力。当今世界的教育百分之百地走入了歧途，试图给孩子过度的刺激……不，小孩子需要体会无聊。

彼得·考汉：……下面我想请你们两位谈谈建筑方面的教育问题，或许你们有一些建议送给在座的学生们。

尤哈尼·帕拉斯玛：我必须坦率地承认，我觉得自己无法向任何人传授建筑。我或许可以提供一个实例，例如，怎样成为一名建筑师，你应当培养哪些方面的兴趣，如何做一名负责的建筑师。

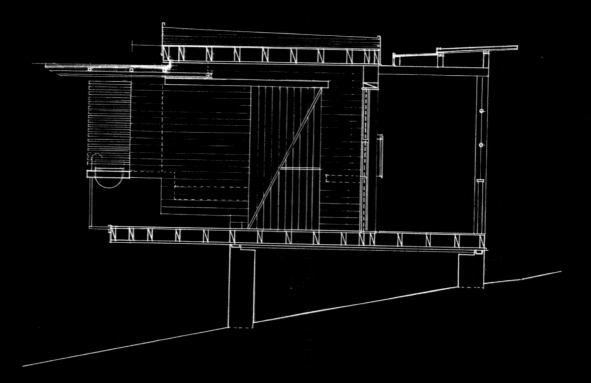

除此之外，作为一个教师，我的兴趣全都集中在每一个学生的个性方面。我们西方世界的所有教育体系，全都强力地压制个性、压制个人的责任意识。我们学到的是相信权威，相信每一件事都有错误的和正确的答案。然而在艺术领域，并不存在这样的划分，无所谓对错而只有品质的差异。

对我而言，最大的挑战在于如何激发学生的个性，使每一个学生认识到自己的个性特征。虽然他或者她身上有各种局限，但只有自己才是评价自己作品的最终权威。外部权威的看法毫无用处。就我的个人经验而言，当今建筑界的问题已经变得过于复杂，尤其是附加的种种法律因素，建筑师已经没有机会表达自己的情感。比如，我曾经在设计课中让学生们设计耶稣与十二门徒"最后的晚餐"的场景。不必考虑任何具体实施方面的困难，在一个现成的空房间里尽情发挥想像力。通常的逻辑思维完全不适用于"最后的晚餐"这样的状况，然而这里仍然存在某种功能。这是一种探索功能的练习。

格兰·莫卡特：谈到自我，我在教学过程中总是很明确地压制"表现主义"[7]的那种自我。我认为，"自我"应当是一种非常重要的推动力。亨利·梭罗[8]是我成长过程中的精神食粮。他曾说："既然我们当中绝大多数人一生都在做平凡的事，那么最重要的就是把这些平凡的事做到异常出色。"这句话极大地影响了我。我父亲曾经教育我："应当做到在海滩上散步而没有人认得你。"当然，这有悖于某些"明星建筑师"的做事风格。

我选择的方式，使我可以保持自我但是不必傲慢和咄咄逼人，不必自我吹嘘。在我的国家，绝大多数人都会尽量躲避像今天这种众目睽睽下的对话，他们甚至不愿当众汇报或者陈述。如果有人告诉我："你不是非得坐在这里。"我就会如释重负地躲开。因为我一个人单干的时间太久了，所以，坐在我身边的这个家伙找到我之前，我一直藏在柜子下面。当时，我的作品几乎无人知晓。那是1992年，芬兰的阿尔托奖委员会希望找一个没有名气的建筑师。他们把我找了出来，从此我就无处躲藏了。

我的教学方式，是针对一个课题发掘出每个学生的个性。有些时候，我会为学生提供一些想法，帮助他们找到新的思考方式。这一点很重要。尤哈尼，你刚才讲得非常对，教育者应当针对每个

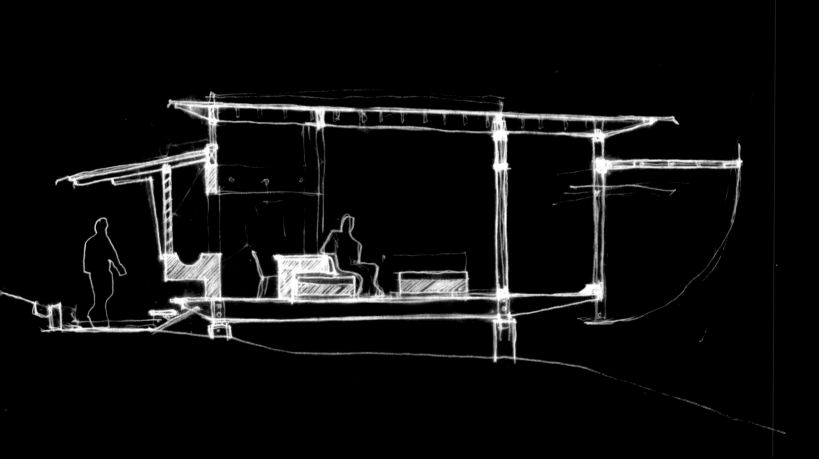

我所感兴趣的是每一个具体的地方，试着去理解这块土地对于我非常重要。

学生的个性因材施教。菲利普·弗农 [9] 写了一本叫做《创造力》的书。他在书中描述了两种教育。一种是汇聚式，另一种是发散式。我们的教育体系基本上是按照"汇聚式"的原则，因为这样很容易做出评价。每个问题都有一个既定的答案。但是现在，生活中有许多问题显然并不存在既定的答案。发散的过程就是要面对各种各样的问题。人究竟是怎么一回事？艺术究竟是怎么一回事？存在哪些可能性？这块用地承担着哪些重要的角色？我们可以改变它的内容，而不影响它承担的角色吗？风从哪里吹来？雪从哪里来？夏天的气候如何？季节如何变换？一年中的某个时刻，太阳在什么位置？太阳与湿度是什么关系？它如何影响房屋？这座房子需要通风吗？是不是可以由你随心所欲地摆弄它，装上空调了事？回答是否定的。可惜的是，在绝大多数地方我都听到肯定的回答。我所感兴趣的是每一个具体的地方，试着去理解这块土地对于我非常重要。如果你设计一栋位于北瀑布地区的房子，它会和在佛罗里达的房子一样吗？让我告诉你，世界上绝大多数地方的人都会给出肯定的回答。

　　你可以用鼓风机把热气或者冷气吹进房子里，你可以做一切你想要的事情。但是我对这些全都不感兴趣。坦率地讲，我认为这是我们这个职业不道德的一面，而我们必须开始合乎道德地工作。就像尤哈尼说的，他所做的是和这些不同的事，我所做的也是和这些不同的事。共同的价值取向是我们之间的纽带。我们要推广的是一种合乎道德的职业观。它意味着，对于土地的责任、对于

我们要推广的是一种合乎道德的职业观。

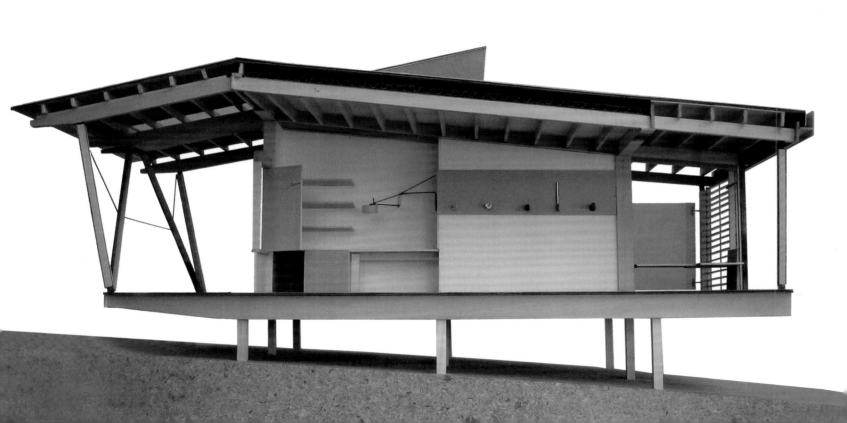

材料的责任，如何以适当的、道德的方式利用土地和材料。

彼得·考汉：我注意到你们的童年经历都和当地人的生活有密切的关系。我知道，你们两位都和自己国家的原住民有过广泛的合作。我想听听你们如何评价与他们合作的成果，还有他们未来的处境？

尤哈尼·帕拉斯玛：我曾经与芬兰北部拉普兰地区的萨米人（Sami）合作过。他们是欧洲遗存的最后一批原住民，也是世界上最后一个仍然保持野生放牧的民族。我为他们设计的"芬兰萨米人博物馆"，用了8年时间才筹集到足够的资金。因此，我有8年的时间和这些追逐驯鹿的人一道穿越拉普兰，深入了解他们的生活。这些经历让我把最初构想的博物馆规模扩展了将近一倍。下星期，芬兰政府将宣布启动"萨米文化中心"项目的国际竞赛，我也是这项竞赛的评委之一。这些都证明，虽然芬兰境内只有大约6000个萨米人，但是芬兰政府正以非常积极的态度对待他们。还有欧盟，也已经对少数民族承担起强烈的道义责任。

格兰·莫卡特：有关最后一个野生放牧民族，我必须纠正一下我的朋友尤哈尼。澳大利亚北部的原住民也保持着野生放牧，他们几乎从未和欧洲有过任何接触。至今，他们的放牧手段仍然是用带火的木棍和长矛把袋鼠和一些四足动物赶到一起。有趣的是，地球上最与世隔绝的地方还在延续着如此古老的行为。

尤哈尼·帕拉斯玛：或许欧洲的人类学家没有把袋鼠和其他那些四足动物算作动物吧。（笑）

格兰·莫卡特：我猜是他们觉得澳大利亚的原住民过于粗犷了，和动物差不多吧。

我也曾经与澳大利亚的原住民合作过。他们的思维方式、他们的社会秩序都有独特的魅力。例如，你不能从横向进入一座房屋。他们的祖先生活在岩洞里，那些有数百年乃至数千年前留下的壁画的岩洞。你总是从一端的洞口进入，并且洞口总有一位神灵把守着，你应当请求神灵允许你进入。这一点非常重要，你不能贸然从中间位置横向地进入。他们不崇尚从房屋中央进入的仪式性，而是强调一定要从侧面的尽端进入。这些对我设计的建筑有很大的影响。也许你们了解我

下接第61页

左图　2007年设计课成果
　　　设计者：内森·兰姆丁
　　　建筑构造模型

图拉小奶牛农场，2008 年

格兰·莫卡特与彼得·考汉联合指导

项目任务书：
牛栏：
第一年龄段：10 头小母牛（体重 150~250 磅[1]）
第二年龄段：45 头小母牛（体重 250~400 磅）
第三年龄段：90 头较成熟的母牛（体重 400~800 磅）
第四年龄段：90 头完全成熟的母牛（体重 800~1200 磅）
主牛棚：兽医室、喂料室、称重间、干草储藏间、卫生间、办公室、教室（容纳 25 个学生）。
备选项目：学生卧室、甲烷发电设施。

　　距离普尔曼约 5 英里的图拉小奶牛农场，是华盛顿州立大学（Washington State University）动物学系的附属农场。这里处于帕劳瑟[2]地区的中心，如波浪一般起伏的丘陵地貌，是最近一次冰期里冰川作用残留的痕迹。华盛顿州立大学的乳品中心计划扩建设在那里的农场。

　　格兰带领的设计课小组，要设计一个饲养小母牛的牛棚和附属设施。在普尔曼现场踏勘时，格兰引导学生们讨论了善待动物的重要性，以及需要像华盛顿州立大学这样的研究机构做出实践的表率。

　　讨论的结果为原先的设计任务书增添了新的内容：例如提供从牛棚到牧场更直接的联系，使幼龄的牛犊可以更加自由地在室外草地上放养。第一和第二年龄段的小牛犊可以和它们的母牛接触，增加 55 头母牛和它们的牛犊用的牛栏。牛棚内保持良好的通风非常重要，但是也需要在冬季让牛棚可以完全封闭。另外，提供新颖的牛粪收集系统，尽可能地使小牛犊保持清洁。

1. 每磅约合 0.45 公斤。——译者注
2. 帕劳瑟（Plouse）是美国西北部的一大片丘陵地区，横跨华盛顿州东部和爱达荷州西部。——译者注

用地位置：
华盛顿州东部的普尔曼（Pullman）。

学生名单：
托德·考格隆（Todd Coglon）
艾敏·吉拉尼（Amin Gilani）
塞克·詹森（Zac Jensen）
杰克·拉巴里（Jake LaBarre）
麦克·兰菲尔（Mac Lanphere）
查拉·莱蒙尼（Charla Lemoine）
杰西卡·米勒（Jessica Miller）
威廉·佩恩（William Payne）
安娜·佩珀（Anna Pepper）
罗曼·波霍莱基（Roman Pohorecki）
卡尔·茹顿（Carl von Rueden）
阿尼·托夫森（Ane Sonderaal Tolfsen）

格兰·莫卡特与学生踏勘2008年设计课用地
用地环境现状照片

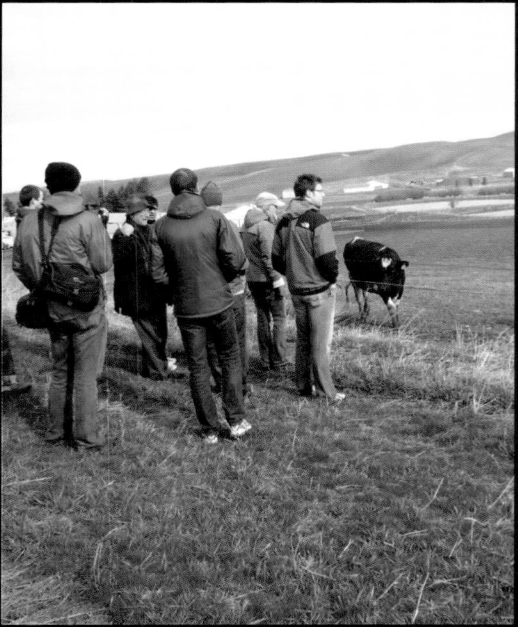

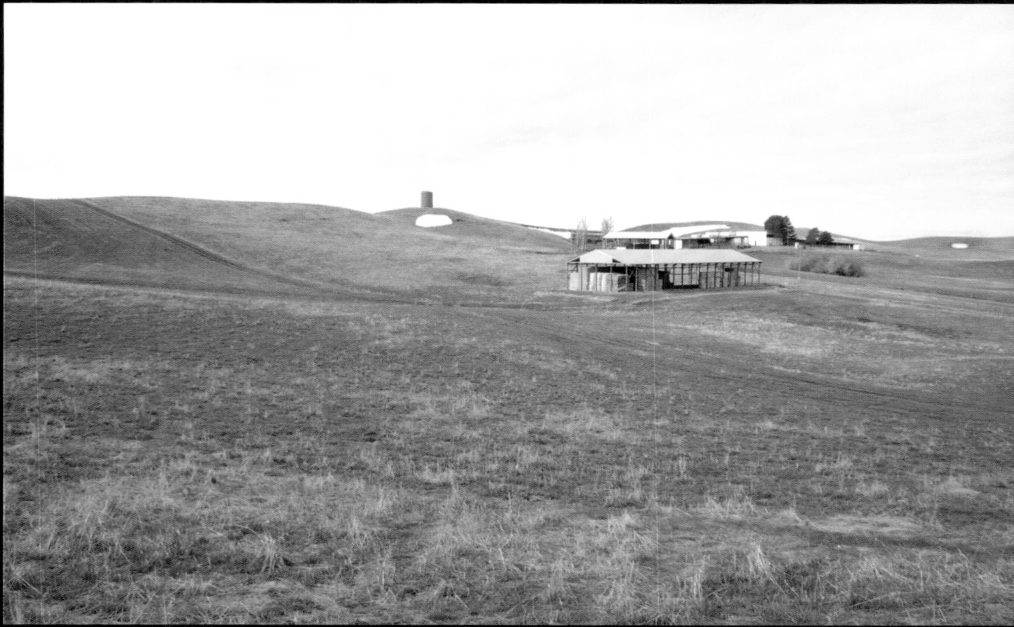

在清澈明亮的阳光下，既获取自然通风又保持房子内部的私密，这是一件美好的事。

设计的辛普森－李住宅。它和我设计的其他许多建筑一样，入口都是在尽端。这就是原住民的观念。

依照他们的传统，父母总是睡在孩子们的西侧，因为西面属于落日，象征着一天的结束，更接近死亡。而东面象征着早晨和一天的开始，象征着未来。原住民非常看重这些。

至于建筑，你需要从房子里看出去，看到谁走过来了、谁离开了、外面天气怎样变化、地平线附近有哪些动物，在观察室外的同时自己不被外面走过的人看到，这些都是对于原住民来说极其重要的因素。如何协调室内环境和周围环境，如何让建筑与气候合作实现自然通风，如何在外面阳光过于强烈时让室内有适度的光照。在清澈明亮的阳光下，既获取自然通风的又保持房子内部的私密，这是一件美妙的事。与原住民一起从建筑的筹划阶段就开始合作，考虑孩子们睡在什么位置、母亲和父亲睡在什么位置、孙辈们睡在什么位置。

我们这些来自欧洲文化的人，应当去了解他们那些完全不同的文化需求。这些原住民通过与土地合作而生存。"优胜劣汰、适者生存"的规律不适用于他们。恰恰相反，他们的生存方式是合作。这个星球上历史最悠久的文化，是通过相互合作得以延续至今。

尤哈尼·帕拉斯玛：我还要补充一点。当你为土生土长的文化设计建筑时，例如设计"芬兰萨米人博物馆"，你身上有一项特殊的责任。自古以来，萨米人都是追逐驯鹿而居，在他们的生活中从未有过一个文化机构，因而也没有这种博物馆的传统模式。然而，建筑师却不得不把这里的

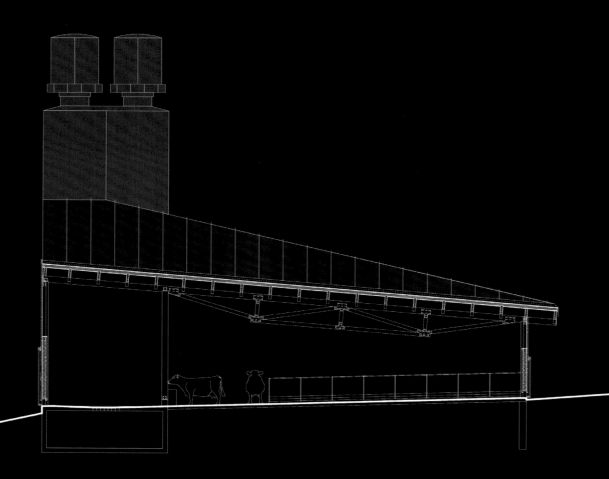

"优胜劣汰、适者生存"的规律不适用于他们。恰恰相反，他们的生存方式
是合作。

文化加以固化。你面临着一个几乎不可完成的任务，发明一种从未存在过的传统，并且它必须是真实的。

彼得·考汉：尤哈尼和格兰，你们两位的建筑作品都主要集中在各自的国家，我很想知道你们对于当今建筑界的全球化趋势做何评价？

格兰·莫卡特：就像你所讲的，我从未承接过任何一个澳大利亚国界以外的项目。我的国家领土尺寸和美国相仿。不必走出国界，我就可以体验热带季风气候、热带多雨气候、温带、干燥温带、干热气候和海洋性气候。从贴近海平面、海拔 1000 米到海拔 3000 米。澳大利亚多种多样的气候区和自然面貌，为我提供了足够多样的建筑场所。我并不需要像狗四处在树下撒尿一样，到世界各地证明自己的存在。那实在是多此一举。我不否认，某些国外的项目值得一做，但是某些时候我感到，对我们之中的许多人来说，更为重要的是在地球的各个角落做建筑。

一模一样的建筑、一模一样的形象，用机器把更多冷气或者热气送进屋子里，这样你无法了解我们的星球。对我而言，最重要的是了解建筑所处的地方，了解那里的文化和技术。在我自己的国家，种种问题交织在一起已经足够复杂了。你需要毕生时间，才能了解自己所属的文化。了解他人的文化，或许需要两倍，甚至三倍于此的时间，并且很容易犯严重的错误。我想我们正在开始看到，我们一直在像风传播种子那样吹送到世界各地的那些东西正在收回。我并不需要这样做。

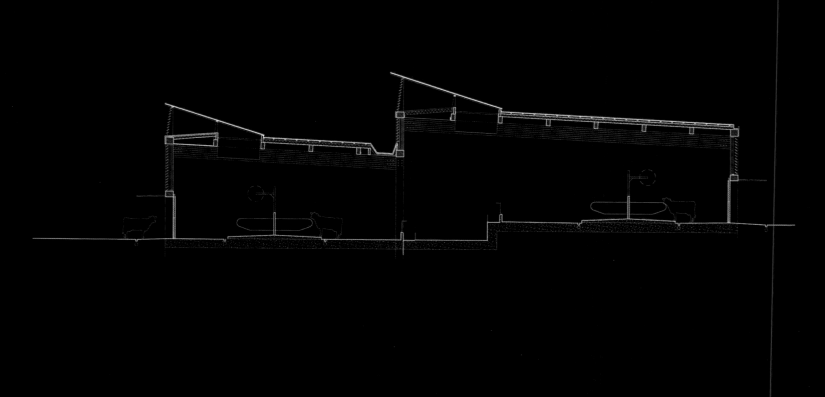

一个人为什么要做自己不需要的事呢？我发现，在我自己所属的文化和地域中创作非常重要。

要了解各种材料的特性，比如砖和石材是抗压材料，要把它做成有一定跨度的拱形，你就要去了解压力。钢具有极好的抗拉性能，而抗压性能相对较差。如果把一根纤细的钢弦绷在两条木杆之间，你就得到了一个很不错的大跨度组合结构。你需要了解材料是从哪里来的，了解把每公斤木材从原木到加工成材，消耗 5 兆焦耳能量。在一棵树的头 20 年生命期里主要是吸收二氧化碳，释放氧气；而在此之后，吸收和释放两种气体基本持平。你需要了解，制造每公斤钢消耗 40 兆焦耳能量；制造每公斤用来生产水泥的石灰，消耗 2 兆焦耳能量，而制造每公斤铝，要消耗 143 兆焦耳能量。这些教会了我们或许不应当像现在这样，对于材料不假思索地尽情使用。从能量消耗的角度看，某些材料具有很强的破坏性，而我们应当负起责任。

你不能简单地把一块砖看成建造房屋的零件，你应该想到它来自别的地方。此处优美的建筑正在毁坏别处的环境。所以，我对于建造的过程很感兴趣。我希望看到构件组成房屋，未来还可以方便地解体，将材料重新利用。再利用是我们设计思路中一个至关重要的因素。我们知道，所有建筑都会在它们的设计和施工过程中发生变化。能够将这些材料运到别处重新利用，这一点很重要。

因此对我而言，全球化的概念没有太多的吸引力。涉及文化的问题，总是非常微妙。接下来

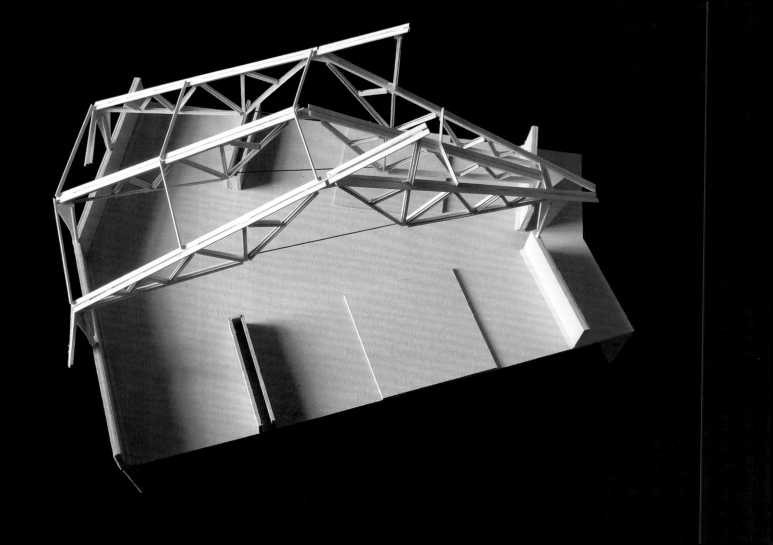

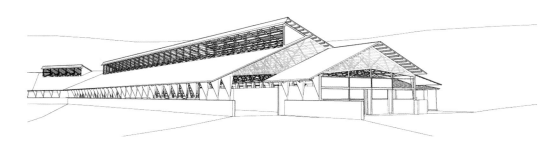

左图　2008 年设计课成果
　　　设计者：威廉·佩恩
　　　建筑构造模型

右图　2008 年设计课成果
　　　设计者：威廉·佩恩
　　　建筑透视图

该你了，尤哈尼。

尤哈尼·帕拉斯玛：对于全球化的过程，我持同样的批评态度。全球化基本上是一项经济产业，它显然是由技术作为支持，它的目标是实现大一统和联络畅通。就像格兰讲的，你很难学到某种文化。你必须生活在文化当中，才能领会它。所以，在一个非常本质的层面上，你根本不可能在一片陌生文化的土地上建造。原因很简单，你不了解那里历史积淀而成的、不易察觉的文化。急功近利者往往将文化演绎成一幅卡通画，或者生搬硬套单一的国际标准。我认为，目前是建筑发展过程中一个极其灰暗的阶段。建筑师的技能被视为一套可以随便使用在任何地方的操作。

对于从做生意的角度看待建筑，我也持否定态度。建筑的重要根基是人的生活和文化。我自己的创作和兴趣总是避免将建筑视为生意。正是把建筑看成做生意，使得全球化具有如此强大的力量。

目前我正承担着北京的芬兰大使馆改造设计，因此有机会往返于芬兰和中国之间，也有幸目睹了中国的情况。北京，这个地球上拥有最灿烂文化的城市之一，正在被国际化的建筑所摧残——我不惜使用"摧残"这个词。如果我们不尽快回归清醒，那么情况将变得更加糟糕。

1．尤哈尼·帕拉斯玛（Juhani Pallasmaa，1936～）芬兰著名建筑师，芬兰赫尔辛基理工大学教授，曾担任芬兰建

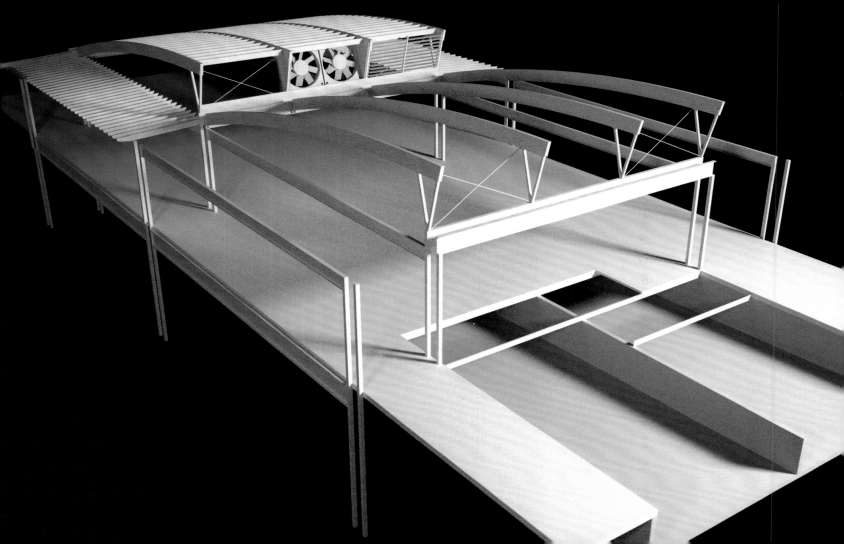

筑博物馆馆长、普利兹克奖评委。——译者注

2. 格兰 1936 年出生在伦敦，当时他父母正准备去柏林观看奥运会。——译者注
3. 芬兰建筑师协会授予杰出建筑师的奖，每 5～6 年颁发一次，获奖者包括安藤忠雄、史蒂文·霍尔等。——译者注
4. 巴布亚新几内亚（Papua New Guinea），西太平洋岛国。——译者注
5. 舞独蛾（Gypsy Moth），一种双翼飞机。——译者注
6. 1939 年至 1940 年，芬兰与苏联之间的战争。——译者注
7. "表现主义"（expressionist），20 世纪初德国发展起的艺术流派，重在作者的个人表达。——译者注
8. 梭罗（Henry David Thoreau，1842～1862）美国作家和哲学家，著作包括《论公民不服从的权力》、《瓦尔登湖》等。——译者注
9. 弗农（Philip Vernon，1905～1987），英国心理学家。——译者注

左图 2008 年设计课成果
设计者：麦克·兰菲尔
建筑构造模型

设计课评委寄语

卡洛斯·希门尼斯
莱斯大学建筑系教授
卡洛斯·希门尼斯事务所董事

左图　2007 年设计课评图特邀评委
　　　（摄影：约翰·斯塔梅兹）

我受邀为格兰·莫卡特指导的设计课担任评委，在华盛顿大学度过了一个令人愉快的下午。在这期间我观察到，如何微妙而准确地把项目当地的环境条件提升到具有普遍意义的规律，同时把具有普遍意义的规律应用于当地的环境条件。

看到这种思维变化充分体现在学生们的设计成果里，看到莫卡特耐心地辅导和精妙地点评，不失为一种享受。我惊叹于格兰在辅导者与评判者的身份之间游刃有余地转换，我能够想像这些学生是何等幸运。这个设计课小组里既充满启发而又严格要求的氛围，对于参与其中的每一个人，乃至整个建筑学院，都是最宝贵和值得回忆的财富。

格兰·莫卡特设计课评图特邀评委

2004 年特邀评委：
鲍勃·哈尔（Bob Hull）
汤姆·昆迪格（Tom Kundig）
乔治·须山（George Suyama）

2005 年特邀评委：
埃纳·贾蒙德（Einar Jarmund）
拉胡尔·麦罗塔（Rahul Mehrota）

2006 年特邀评委：
杰伊·出口（Jay Deguchi）
莉萨·芬德利（Lisa Findley）
苏珊·琼斯（Susan Jones）
汤姆·昆迪格（Tom Kundig）
戴维·施特劳斯（David Strauss）
戈登·沃克（Gordon Walker）
艾德·韦恩斯坦（Ed Weinstein）

2007 年特邀评委：
卡洛斯·希门尼斯（Carlos Jimenez）
戴维·米勒（David Miller）
帕特里夏·帕特考（Patricia Patkau）
约翰·里德（John Reed）

2008 年特邀评委：
卡洛斯·希门尼斯（Carlos Jimenez）
约翰·帕特考（John Patkau）
帕特里夏·帕特考（Patricia Patkau）
安东尼·佩莱基亚（Anthony Pellechia）

格兰·莫卡特如何来到华盛顿大学任教

普拉卡什博士
华盛顿大学建筑系教授

左图　格兰·莫卡特推开辛普森－李住宅的落地窗
（摄影：里克·莫勒）

为什么是格兰·莫卡特？为什么是在西雅图的华盛顿大学？

华盛顿大学建筑系的许多教师，都认同地域主义的理念。我们相信，通过深入了解每个地区的具体特征，你就会发现孕育优秀建筑所需要的核心价值观。诸如地理、气候、城市文脉、地方性建筑材料与当地独特的文化等地域因素，时常成为我们设计课和讨论课的主题。

然而，我们仍不禁要问这样的问题：伴随着全球化愈演愈烈，各个地区相互联系与相互依赖日益密切，地域主义是否有被边缘化的危险？

数字化技术创造了令人难以想象的信息透明、信息的即时交流，相距万里之遥的人们可以便捷地合作。从积极的角度看，身处地球不同角落的人们会比以前更强烈地意识到远方陌生人的存在，了解彼此的生活和愿望。

与此同时，美国在冷战中的胜利，导致了资本主义经济体系在全球的统治地位。我们不无忧虑地看到，以麦当劳为代表的美国式商业文化，正在像一块魔毯铺满整个地球。从政治的角度看，今天的世界充满相互猜疑和嫉恨。脱口秀节目总是少不了诸如"文明的冲突"这类具有破坏力的故事。我们需要更深的相互了解，绝不能封闭在各自文化的茧壳里。如果还有一种比"麦当劳文化"独霸世界更可怕的情形，那就是"茧壳文化"在全球蔓延。一个个封闭的茧壳将会制造战争。

近年来，我们的建筑系也处于制定发展策略的过程中。在设计课中我们遇到这样的问题：如

何看待建筑设计的职业道德、如何定位像格兰这样的小事务所在全球经济中的角色。有几位教师曾经花费大量时间游历世界各地，探访当地规模很小、颇具地域特征但并不声名显赫的建筑师。这些教师得出的结论是，好的建筑产生于既敏感而又理性的设计价值观，而并非总是与项目的造价有正比关系。在世界任何一个地方，都能找到好的建筑，没有哪个国家可以在这方面垄断。

我身边的建筑系教师们在讨论中达成了共识：好的建筑必然是普适性的规律通过特定设计手法的应用。它意味着保持小的体量和具体的特征，而不是严格的地域主义。问题的关键不在于外观形象。某些情况下，不同地区的建筑看上去相似，某些情况下则完全不同。这不是有关设计风格的问题，而是关乎具有普适性的建筑设计的价值观。对于设计的过程而言，价值观比成果更为重要。

由此形成了"全球化的建筑／地域化的建筑师"的概念——各个地区的建筑师基于共同的价值观，组成一个全球性的网络。作为经济全球化的副产品，庞大的设计公司和某些"明星"建筑师，正在纷纷谋求全球化的发展。我们所倡导的这种多个中心各自独立的网络，是与之不同的另一条道路。

我们可以说，各自立足于不同地区的建筑师们组成了一个全球网络，而格兰·莫卡特是其中非常重要的一个节点。这就是格兰·莫卡特来到华盛顿大学任教的原委。

左图　格兰·莫卡特拉动辛普森－李住宅的落地窗
　　　（摄影：里克·莫勒）

辛普森－李住宅的檐柱细部和周围的树林
（摄影：瑞克·莫勒）

大师班

戴维·米勒
美国建筑师协会资深会员
华盛顿大学建筑系系主任、教授

教师与职业建筑师在设计课中合作互动，是华盛顿大学的建筑教育里至关重要的一部分。格兰·莫卡特的作品，体现了与我们建筑系的学术文化一致的理论内涵。格兰与我们共享的价值观，是发掘真实材料的建造所蕴藏的诗意，释放建筑所处环境内在的力量。

格兰与另一位教师合作指导的设计课，强调一种解决问题的思维方式。它超越了推敲建筑的形式和实用功能，上升到了建筑细部的材料工艺，以及这些细节如何与用地环境、结构体系相结合。格兰赢得了学生们、同行和教师们的一致敬佩。他的建筑作品和教学方式，鲜明地勾勒出一套非常成熟完善的设计哲学。

格兰为建筑师树立了职业道德的典范。虽然已经是屡获大奖的国际知名人士，他依然亲力亲为地辅导每一位学生。格兰是一个思维严谨、表达清晰的教育者。他丰富的个人实践经验，是值得学生们借鉴效仿的宝贵资源。早在可持续发展成为一种标签之前，他的作品就充分体现了可持续发展的原则。他的每一个建成作品，都深受当地物质和文化环境的影响。

格兰一方面鼓励学生们采用尽量保持地段环境的设计手法，另一方面启发他们深刻了解自然界中藏而不露的种种力量，理解用地如何将环境的信息注入建筑，而建筑如何调节人们的体验。格兰以异常清晰一致和令人信服的方式，向学生们传授了这些可贵的经验。

格兰 · 莫卡特与硕士生杰西卡 · 米勒讨论
（摄影：彼得 · 考汉）

格兰·莫卡特与"杰出客座教授"

凯里森建筑事务所

能够资助华盛顿大学的"凯里森杰出客座教授"讲席，我们感到非常荣幸。我们相信，接触到世界级的建筑大师，应当是这些学生所受教育的一部分。而他们正是我们未来设计力量的中坚。

选择格兰·莫卡特作为第一位"杰出客座教授"，为这一系列今后的人选设定了一个很高的标杆。格兰对于细节的精益求精，解决问题的犀利敏锐，以及他对于环境的热爱和奉献，使他成为职业的典范。他既平易近人，又善于启发他人的灵感。虽然他设计的建筑类型、规模和凯里森事务所的设计项目大不相同，但是我们的价值观和设计理念是相似的。与格兰一样，我们的目标是创造以使用者为主导的建筑体验，使建筑与使用者所处的环境和谐共生。

在西雅图逗留期间，格兰留出了一些时间和我们事务所的设计师们探讨他的作品。他在凯里森事务所的每一次讲座，都座无虚席。我们的设计师们从与他交流中获得启发，也感受到新的挑战。

我们事务所的创办者托尼·凯里森（Tony Callison），正是毕业于华盛顿大学。他一直热心于扶持母校的"建筑与城市设计学院"。通过资助"凯里森杰出客座教授"讲席，我们很骄傲地延续托尼建立的传统，也以此作为对他的纪念。多年以来，我们从这所学院收获了 100 多个才华横溢的毕业生。我们乐于通过对这些明日的优秀设计师的教育，来帮助塑造我们职业的未来发展。

格兰与学生一起踏勘"皮尔查克玻璃学校"的地段
(摄影：吉姆·尼科尔斯)

中文版后记

在本书介绍的内容结束之后，格兰指导的设计课仍在延续，但是形式有所改变。这两年的做法是，包括一位华盛顿大学教师和十名硕士生的设计课小组飞往澳大利亚，在那里参观格兰的几个重要作品，并且在格兰自己的农场里生活、工作两个星期。

2010 年春季学期，彼得·考汉带领设计课小组，以格兰的农场为地段，设计了一座环境教育中心，而这也是格兰正在筹备的实际项目。里克·莫勒将在 2012 年春季学期带队前往澳大利亚。他们两人都曾在西雅图协助格兰指导设计课。

格兰将带领大家参观他设计的博依德教育中心（Arthur and Yvonne Boyd Education Centre）、辛普森－李住宅（Simpson-Lee House）与怀尔士住宅（Walsh House）。除此之外的日常活动，包括格兰指导学生的设计方案、组织学生们自己做饭，然后一起聚餐，其间不时穿插着他讲述自己建筑生涯中的故事。

格兰会与每一个学生面对面地讨论方案。他一边阐述分析，一边用铅笔在草图纸上勾画，充分鼓励学生们发展自己的思路。讨论之后留下的一叠草图纸里，包含了对每一个方案关键之处的细微推敲。看似潦草，而一个完整的设计概念正在逐步成型。

结束了在澳大利亚全身心投入的两个星期，学生们回到西雅图。他们带回了经过透彻分析的总体布局、建筑方案和初具雏形的构造特征。在这个学期余下的时间里，他们将完善自己的设计。

最终成果将举行一次公开展览，并且整理出版。这本凝聚着设计小组心血的小册子将寄给格兰，等待他最后的检阅。

吉姆·尼科尔斯
2012 年 1 月

译后记

　　如果说几十年来始终只有自己一人执业的建筑师获得普利兹克奖是一项奇迹，那么在获得这项大奖之后仍然保持这种没有雇员的状态，无疑算是"奇迹中的奇迹"。

　　耐心读完这本小册子，你就会理解格兰·莫卡特为什么会创造这"奇迹中的奇迹"。

　　澳大利亚建筑师格兰·莫卡特（Glenn Murcutt），1936年生于伦敦，童年在西太平洋的岛国巴布亚新几内亚度过。1961年毕业于悉尼的新南威尔士大学建筑系。毕业后的两年时间游历欧洲，尤以在希腊和北欧流连为久。1964年，他回到悉尼开始在一家建筑事务所工作。1969年，在悉尼附近的摩士曼（Mosman）开设建筑事务所——仅有他自己一人的事务所。他始终只承接私家住宅和少数规模很小的公共建筑，所有作品都在澳大利亚本土，并且从未参加过设计竞赛——很难想像这样的事务所能够入围那些令人炫目的竞赛，尤其是它连自己的主页也没有。

　　随着莫卡特于1992年获得芬兰建筑师协会颁发的"阿尔托奖"，2002年获得普利兹克奖，他的作品逐渐出现在世界各地的杂志与无所不有的互联网上，他也越来越多地在各国的建筑院校客座讲学。

　　我非常荣幸，能够用自己的笔帮助中国建筑院校的师生们"旁听"莫卡特指导的设计课和讲座。在此感谢中国建筑工业出版社的姚丹宁和率琦编辑，也感谢我的父母和妻儿。

中国人民大学艺术学院　杨鹏

2012年2月